BEI GRIN MACHT SICH IHR WISSEN BEZAHLT

- Wir veröffentlichen Ihre Hausarbeit, Bachelor- und Masterarbeit

- Ihr eigenes eBook und Buch - weltweit in allen wichtigen Shops

- Verdienen Sie an jedem Verkauf

Jetzt bei www.GRIN.com hochladen und kostenlos publizieren

Ingo Schuch

Entscheidungskriterien zur Baumartenwahl und -verwendung außerhalb des Naturstandortes

GRIN Verlag

Bibliografische Information der Deutschen Nationalbibliothek:

Die Deutsche Bibliothek verzeichnet diese Publikation in der Deutschen National-
bibliografie; detaillierte bibliografische Daten sind im Internet über http://dnb.d-
nb.de/ abrufbar.

Impressum:

Copyright © 2006 GRIN Verlag GmbH
Druck und Bindung: Books on Demand GmbH, Norderstedt Germany
ISBN: 978-3-640-29363-6

Dieses Buch bei GRIN:

http://www.grin.com/de/e-book/123810/entscheidungskriterien-zur-baumartenwahl-
und-verwendung-ausserhalb-des

HUMBOLDT-UNIVERSITÄT ZU BERLIN
Landwirtschaftlich-Gärtnerische Fakultät

**„Entscheidungskriterien
zur Baumartenwahl- und verwendung
außerhalb des Naturstandortes"**

Hausarbeit im Modul: Phytomedizin VIII

vorgelegt von: Ingo Schuch

Institut für Gartenbauwissenschaften
Fachgebiet Phytomedizin

Bernau, Oktober 2006

Entscheidungskriterien zur Baumartenwahl- und verwendung außerhalb des Naturstandortes

Inhaltsverzeichnis

Abkürzungsverzeichnis

BdB	Bund deutscher Baumschulen e.V.
bzgl.	bezüglich
bzw.	beziehungsweise
ca.	cirka
e.V.	eingetragener Verein
FLL	Forschungsgesellschaft Landschaftsentwicklung Landschaftsbau e.V.
GALK	Ständige Konferenz der Gartenamtsleiter beim Deutschen Städtetag
m.E.	mit Einschränkungen
Tab.	Tabelle
usw.	und so weiter
z.B.	zum Beispiel

Aus Gründen der Lesbarkeit wurde im Text auf die doppelte Nennung von femininen und maskulinen Formen verzichtet. Bezeichnungen in der maskulinen Form sind als neutral anzusehen und beziehen sich ausdrücklich auf Frauen und Männer.

1 Einleitung

„Dem Alter gebührt Respekt. Und welche in ihrem Ursprung gebliebene Lebensform ist älter als die der Bäume? Seit über 400 Millionen Jahren gibt es bereits die grünbekronten, hölzernen Riesen. Was sind dagegen schon die gerade mal drei Millionen Jahre, seit denen wir Menschen die Erde besiedeln?

So hat beispielsweise der Ginkobaum, der heutzutage bei uns ein beliebter Parkbaum ist und in Städten wie Tokio sogar mehr als 50 Prozent der Straßenbäume stellt, schon in der Prähistorie als stummer Beobachter der Dinosaurierwelt beigewohnt.

Doch wuchsen die Bäume damals noch wild in die Landschaft hinein und brauchten keine Widerstände zu fürchten, die sich ihrem Wurzelwerk entgegenstellen oder die freie Ausdehnung ihrer Baumkronen einschränkt, so haben diese Pflanzen gegenwärtig mit sehr vielen negativen Einflüssen zu kämpfen. Einflüsse, die das Leben gerade in urbanen Gebieten, Seite an Seite mit dem Menschen, mit sich bringt."
(Zeitschrift Neue Landschaft, Ausgabe Juli 2005, S. 22 ff.)

Selbstverständlich brauchen Menschen das Grün und sie haben sich von jeher gerne im Grünen aufgehalten. Allerdings stellt dieses Verlangen Planer und Ausführende in der Außenbegrünung immer wieder vor schwierige und wichtige Entscheidungen. So sollten die Eigenschaften, die Ansprüche und der Verwendungszweck des Gehölzes dem gewählten Standort mit seinen spezifischen Bedingungen gerecht werden. Nur so können nachhaltige Pflanzungen unter den jeweiligen Standortbedingungen gewährleistet sein.

2 Bäume im Lebensraum Stadt

Linden können an ihrem natürlichen Standort mehr als tausend Jahre alt werden. Als städtischer Straßenbaum verwendet, hat diese vitale Baumart ihr Lebensoptimum teilweise bereits mit 50 Jahren überschritten. Auch andere Baumarten haben im Vergleich zum Naturstandort im Lebensraum Stadt eine verkürzte Lebenserwartung. (Dobner et al. 1993)

Dies lässt vermuten, dass in der Stadt und insbesondere an Straßen Umweltbedingungen herrschen, welche den Anforderungen vieler Baumarten nicht entsprechen.

2.1 Lebensbedingungen der Stadtbäume

Es wird häufig gesagt, dass im Artenspektrum der „heutigen potentiell natürlichen Vegetation", die als Indikator für das Potential des jeweiligen Standorts dient, auch ausreichend Baumarten für die Stadtbegrünung zur Verfügung stehen. Dies gilt für den anthropogen veränderten Pflanzenstandort im städtischen Siedlungsbereich nur noch mit großen Einschränkungen. (www.xfaweb.baden-wuerttemberg.de 06.10.2006)

Es ist aus ökologischer Sicht zu bedenken, dass die Vegetation vom Boden und Klima sowie von biotischen und abiotischen Faktoren abhängig ist. Die meisten heimischen Waldgesellschaften sind gekennzeichnet von einer gewissen Tiefgründigkeit des Bodens mit einem relativ hohen Humusanteil und optimalen Gasaustausch. Viele Waldbäume sind auf eine Symbiose mit Pilzen angewiesen, wobei sich die Wurzelenden verpilzt haben und der Pilz für den Baum Wasser und Nährstoffe aufnimmt, dafür wiederum der Baum den Pilz ernährt. Man nennt diese Symbiose der Waldbäume mit Pilzen Mykorrhiza. Dabei unterscheidet man in eine obligate Ektomykorrhiza und fakultative Ektomykorrhiza, wobei der Baum sowohl mit als auch ohne den Pilz existieren kann, der Pilz sich aber positiv auf das Wachstum des Baumes auswirkt. Der Pilz ist sehr sauerstoffzehrend und empfindlich gegenüber Luftmangel. (Odum 1999, Dobner et al. 1993)

Im Gegensatz zu natürlichen Standorten liegen in städtischen Räumen andere standörtliche Rahmenbedingungen vor. Dort müssen Bäume teils unter extrem widrigen Einflüssen existieren.

Urbane Räume sind häufig durch folgende Standortbedingungen charakterisiert:

> künstliche humusarme, nicht natürlich gewachsene Böden
> (teilweise mit hohem Anteil an Bauschutt und hohen Kalkgehalten)

> Bodenversiegelung
> (Daraus resultieren Wassermangel und Verhinderung des Gasaustausches zwischen Wurzelhorizont und Atmosphäre. Ein CO_2-Stau unter der Versiegelung führt zu Sauerstoffmangel und Wurzeltod.)

> Nährstoffmangel
> (Das Falllaub kann nicht mineralisiert und nicht vom Baum genutzt werden, weil es in der Regel entfernt wird und der Boden größtenteils versiegelt ist – unterbrochene Nährstoffkreisläufe.)

> Bodenverdichtung mit geringem Hohlraum- und Porenvolumen
> (verursacht durch Befahren, Beparken, Betreten, indirekt durch Vibrationen vom Straßenverkehr usw.)

> mechanische Beschädigungen
> (Straßenbäume erleiden durch Unfälle und infolge unzureichender Schutzvorkehrungen bei Baumaßnahmen regelmäßig schwere Kronen-, Stamm- und Wurzelbeschädigungen.)

> Aufgrabungen für Leitungsverlegungen
> (Gas, Wasser, Elektrizität usw.)

> Mangel an ausreichendem Raum für Wurzelentwicklung und Ernährung

> notwendige Baumscheibengrößen oft nicht realisierbar
> (mindestens 6 m^2 und möglichst 16 m^2)

> Grundwasserabsenkung im bebauten städtischen Raum

- ➢ wärmeres und lufttrockeneres Stadtklima als im Umland
  (Im Jahresdurchschnitt 0,5 - 2 °C höhere Lufttemperaturen führen zu erhöhten Wasserverbrauch.)

- ➢ Luftverschmutzung
  (Kohlenmonoxid, Stickoxide, Kohlenwasserstoffe, Ruß- und Staubteilchen usw.)

- ➢ Solitärstellung
  (Der Schadstoffeinfluss ist somit gegenüber geschlossenen, sich gegenseitig abschirmenden Beständen gesteigert.)

- ➢ Salzbelastung
  (insbesondere durch Tausalz im Winter)

- ➢ Hundeurin
  (ätzt die Rinde junger Bäume)

- ➢ Chemikalien
  (abtropfende Öle, Kraftstoffe usw.)

Es wird deutlich, dass Stadtbäume auf mehr oder weniger artfremden Extremstandorten stehen. Die Lebensbedingungen in der Stadt weichen in aller Regel hinsichtlich Klima und Boden erheblich von denen der natürlichen Standorte ab und sind durchaus mit denen von „Wüstenpflanzen" vergleichbar. Hinzu kommen noch eine Vielzahl von anderen Umweltbelastungen und Stressfaktoren, die das Wachstum der Stadtbäume negativ beeinflussen.

Wenn man von diesem gedanklichen Hintergrund ausgeht und sich dazu noch bewusst macht, dass die Stadtbäume zum überwiegenden Teil „Waldpflanzen" und keine an das Stadtklima angepassten „Wüstenpflanzen" sind, dann wird deutlich, welche Bedingungen die künstlichen Standorte in der Stadt erfüllen müssten, damit ein Stadtbaum gut wachsen kann. (Dobner et al. 1993)

3 Kriterien zur Baumartenwahl und -verwendung

Die Auswahl der geeigneten Baumarten für Siedlungsbereiche muss unter Berücksichtigung der in Kapitel 2.1 dargelegten besonderen Standortbedingungen erfolgen. So sollten die Eigenschaften, die Ansprüche und der Verwendungszweck des Gehölzes dem gewählten Standort mit seinen spezifischen Bedingungen gerecht werden. Nur so kann ein optimales Wachstum unter den gegebenen Standortbedingungen gewährleistet sein.

3.1 Gestalterische Auswahlkriterien

Gestalterische Kriterien bei Baumartenwahl und –verwendung außerhalb des Naturstandortes erlangen vor allem in Siedlungsbereichen eine hohe Bedeutung. Viele Faktoren wie z.B. die gestalterische Absicht, der standörtliche Charakter vor dem Baukörper, die Größe der Straße, der Abstand zwischen den Häusern usw., sind dabei zu beachten. (Mader und Neubert-Mader 2004)

Demnach könnte nach folgenden gestalterischen Kriterien die Auswahl erfolgen:

> Wuchscharakteristik: Kleinbaum, mittelgroßer Baum, Großbaum, Zwergstrauch, Kleinstrauch, mittelgroßer Strauch, Großstrauch

> Wuchsform: kleinkronig, großkronig, breitkronig, kegelförmig, kugelförmig, säulenförmig, pyramidal, straff aufrecht, überhängend, gleichmäßig/ungleichmäßig usw.

> Blütenschmuck: Blütezeitraum, Blütenduft, Blütenfarbe, Blütenform

> Fruchtschmuck: Fruchtfarbe, Fruchtform, Fruchtgröße, dekorative Frucht

> Belaubung: immergrüne Belaubung/Laub abwerfend

> Laub-/Nadelfarbe: besondere Laub-/Nadelfarbe, besondere Herbstfärbung

> Rindenfärbung: dekorative Rindenfärbung

3.2 Ökologische Auswahlkriterien

Die ökologischen Auswahlkriterien sind in der heutigen Zeit von besonders großer Bedeutung. Gefordert werden häufig heimische Gehölze, weil sie den Standortbedingungen mit ihren biotischen und abiotischen Verhältnissen am ehesten entsprechen. (Dobner et al. 1993)

Zutreffend ist dies aber meist nur für die natürlichen Standorte. In der Stadt herrscht, wie bereits erwähnt, ein anderes Klima. Gewachsener Boden ist nicht vorhanden. Heimische Gehölze sind Waldgehölze, und Waldsituationen haben wir in den Städten kaum. Also müssen andere ökologische Auswahlkriterien gelten.

Bäume außerhalb des natürlichen Standortes, insbesondere wenn es sich dabei um urbane Bereiche handelt, stehen auf mehr oder weniger artfremden Extremstandorten. Dabei ist festzustellen, je anspruchsloser die Baumarten vor allem in Bezug auf Boden, Nährstoffe und Klima sind, umso besser sind sie in der Regel für die Verwendung im Stadt- und Siedlungsraum geeignet. (www.galk.de 06.10.2006)

Baumarten mit weiter ökologischer Amplitude sind denen mit enger Amplitude vorzuziehen. Die Verträglichkeit von hohen Sommertemperaturen und von Trockenheit ist dabei ein wichtiges Kriterium. Auch der Resistenz gegenüber Schädlingen und Krankheiten sowie der Salzverträglichkeit und Toleranz gegenüber Immissionen sollte große Aufmerksamkeit geschenkt werden. Die Abhängigkeit von der Mykorrhiza ist für Stadtbäume durchaus bedeutungsvoll.

Wie bereits im Kapitel 2.1 beschrieben, benötigen Bäume mit obligater Ektomykorrhiza im Wurzelhorizont viel Luft, weil der Pilz sehr sauerstoffzehrend ist. Die erforderliche Bodenluft ist aber meist nicht vorhanden. Sie ist der begrenzende Faktor für viele heimische Waldbäume, die als Straßenbäume im versiegelten Umfeld keine Chance haben, wie z.B. Lärche, Fichte, Tanne, Buche und Hainbuche. Deshalb sind Bäume, die ganz ohne Verpilzung der Wurzelenden leben können, in der Regel für die Stadt geeigneter als jene Bäume, welche auf die Symbiose mit Pilzen angewiesen sind.

Es zeigt sich nun deutlich, dass in urbanen Räumen erhebliche ökologische Auswahlkriterien beachtet werden sollten, die allerdings nicht immer bei heimischen Bäumen zutreffen. Deshalb kann heutzutage in Städten nicht mehr auf fremdländische Bäume und Züchtungen verzichtet werden. Hierzu sei an dieser Stelle besonders auf die GALK-Straßenbaumliste hingewiesen (siehe Kapitel 4.1).

Demnach könnte die Baumartenwahl und –verwendung nach folgenden ökologischen Kriterien erfolgen:

> Bodenanspruch: kalkhaltiger Boden, leichter/sandiger Boden, schwerer Boden, salzhaltiger Boden, humoser Boden, saurer Boden, tiefgründiger Boden, anspruchslos

> Wasseranspruch: verträgt Trockenheit, gegen Trockenheit empfindlich, gegen Staunässe empfindlich, verträgt niedrigen Grundwasserstand, anspruchslos

> Lichtanspruch: vollsonnig, sonnig, absonnig, schattig, vollschattig

> Lichtdurchlässigkeit: stark, mäßig, gering

> Temperaturanspruch: Winterhärtezone 1, 2, 3, 4, 5a, 5b, 6a, 6b, 7a, 7b

> Symbiose: Abhängigkeit von Mykorrhiza

> Klimaverbesserung: Feinstaubbindung, Reduzierung von Luftverschmutzung

> Verwendung: Brut-, Rast- und Migrationsraum für heimische Fauna, Vogelnährgehölz, Bienenweide, Nutzholzlieferant, Pioniergehölz, Park-, Straßen-, Alleebaum, Parkplätze, Solitärgehölz, Gruppengehölz, Windschutz, Lärmschutz

> Besonderheiten: mehltaufest, trockenheitsresistent, industriefest, salzverträglich, stadtklimafest, hitzeverträglich, wind-/standfest, stark wurzelnd, schnittverträglich, Toleranz gegenüber Immissionen, Resistenzen gegenüber Schädlingen und Krankheiten

3.3 Ökonomische Auswahlkriterien

Vom ökonomischen Aspekt aus betrachtet kommt es in erster Linie darauf an, ob die zu pflanzenden Bäume an den geplanten Standorten wachsen und überleben können.

Für Planungen erscheint es aber auch sinnvoll, möglichst langlebige Baumarten zu verwenden und gleichzeitig deren Lebenserwartung durch verbesserte Standortbedingungen zu erhöhen. Schließlich erfordern Bäume, die nur 40 Jahre alt werden, frühere Ersatzinvestitionen und kommen somit auch wesentlich teurer als Bäume, die beispielsweise 80 Jahre alt werden. (Dobner et al. 1993)
Bei Neupflanzungen belaufen sich die Anschaffungskosten für einen typischen Stadtbaum (wie z.B. Linde, Ahorn, Platane, Kastanie) mit einem Stammumfang von ca. 18 cm auf etwa 250 bis 500 Euro Netto. (Barnimer Baumschulen Biesenthal 2004)

Auch eine spätere negative Beeinflussung der Verkehrssicherheit muss ausgeschlossen werden. Geschieht dies nicht, sind die Folgen einer solchen Vorgehensweise in aller Regel hoher Energie- und Kostenaufwand bei der späteren Pflege und Instandsetzung. So entstehen den deutschen Kommunen jährlich Schäden in Millionenhöhe, weil unzulänglich ausgewählte und gepflanzte Baumarten mit ihrem Wurzelwerk für gravierende Straßenschäden sorgen. (Bauer 2005a)

Demnach könnte die Baumartenwahl und –verwendung nach folgenden ökonomischen Auswahlkriterien erfolgen:

> Anschaffungskosten: Kaufpreis

> Pflegekosten: Schnitt, Düngung, Pflanzenschutz

> Verkehrssicherungskosten: Stand- und Bruchsicherheit (Tiefwurzler sind standsicherer als Flachwurzler), Totholz sowie Früchte und Laub von Fahrbahn entfernen usw.

> Lebenserwartung: langlebige Arten ersparen frühe Investitionen für Ersatzpflanzungen

4 Beurteilung von Baumarten für die Verwendung in Städten

Die Ständige Konferenz der Gartenamtsleiter beim Deutschen Städtetag (GALK) beschloss am 16.09.1975 eine Arbeitsgruppe Stadtbäume zu gründen. Dieser Beschluss war verbunden mit dem Auftrag, eine bundesweit gültige Übersicht von Baumarten und -sorten zusammenzustellen, welche für die Bepflanzung von Extremstandorten (z.B. Straßen, befestigte Plätze, Siedlungsgebiete) geeignet sind. Die Liste wurde mit dem Bund deutscher Baumschulen e.V. (BdB) abgestimmt und auf der Jahrestagung der Gartenamtsleiterkonferenz am 22.09.1976 in Mönchengladbach beschlossen. Bis heute ist die fachliche Weiterentwicklung der GALK-Straßenbaumliste die Kernaufgabe des Arbeitskreises geblieben. (Bauer 2005b)

4.1 GALK-Straßenbaumliste

Die aktuell vorliegende GALK-Straßenbaumliste wurde im Januar 2006 mit dem BdB abgestimmt. Daraufhin hat im Juni 2006 die Konferenz der Gartenamtsleiter diese Liste einmütig beschlossen.

Die folgende Tabelle zeigt einen Ausschnitt aus der aktuellen GALK-Straßenbaumliste. Die vollständige Liste mit 154 Baumarten und -sorten befindet sich im Anhang dieser Arbeit.

Tab. 1 Ausschnitt aus der GALK-Straßenbaumliste 06/2006 (www.galk.de 06.10.2006)

lfd. Nr.	Botanischer und deutscher Name	Wuchshöhe in m	Breite in m	Lichtdurchlässigkeit	Lichtbedarf	Verwendbarkeit im städt. Straßenraum m. E. = mit Einschränkung	Bemerkungen
1	Acer campestre, Feldahorn	10-15 (20)	10 (15)	m	○-◑	geeignet m. E.	Kleiner bis mittelgroßer Baum mit eiförmiger, im Alter mehr rundlicher Krone; Kalk liebend, bevorzugt tiefgründige und feuchte Böden und ist deshalb nicht geeignet bei Bodenverdichtungen und hohem Versiegelungsgrad
2	Acer campestre 'Elsrijk'	6-12 (15)	4-6	m	○-◑	geeignet m. E.	Wie Nr. 1, jedoch gerader durchgehender Stamm, im Wuchs schmaler und gleichmäßiger als die Art, später Laubfall; mehltaufrei; Trockenheit und vorübergehende Nässe vertragend, im Weinbauklima sind Hitzeschäden möglich, dort nicht immer strahlungsfest, gebietsweise Frostschäden in der Krone
3	Acer monspessulanum *, Französischer Ahorn	5-8 (11)	4-7 (9)	m	○-◑		Im Straßenbaumtest seit 2005; anspruchsloser kleiner Baum mit breit-eiförmiger und rundlicher Krone; auf geraden durchgehenden Stamm achten; Kalk liebend; Wärme liebend und für trockene Standorte geeignet (Weinbauklima), gebietsweise Frostschäden; auch für Kübel und Container geeignet

4.1.1 Erläuterungen zur Anwendung

Die mit einem Sternchen (*) gekennzeichneten Arten und Sorten wurden, soweit keine einschlägigen Erfahrungen vorliegen, nicht bzgl. ihrer Verwendbarkeit im städtischen Straßenraum bewertet. Diese Arten wurden in die Liste übernommen, da sie ein größeres Augenmerk erlangen und somit verstärkt in der Praxis Verwendung finden sollen. Zum Teil liegen über die Verwendbarkeit dieser Arten und Sorten geringe Erfahrungen aus Deutschland sowie dem Ausland vor. Es handelt sich aber auch um Arten mit gebietsweise guten Verwendungsergebnissen, die in ganz Deutschland für eine mehrjährige Erprobungszeit empfohlen werden. Erst danach können die Erfahrungen zusammengetragen und in die Liste entsprechend eingearbeitet werden. (www.galk.de 06.10.2006, Bauer 2005b)

Die Liste enthält fachliche Empfehlungen. Sie kann keinen Anspruch auf Vollständigkeit erheben. Es ist kaum möglich für das ganze Bundesgebiet einheitliche gültige Angaben, z.B. über das Größenwachstum von Bäumen zu geben. In der Liste werden diese Angaben generalisiert und berücksichtigen den auf Stadtstraßen allgemein eingeschränkten Lebensraum. Im Freistand größerer Grünflächen können Bäume durchaus andere Größen, Kronenformen und Lichtdurchlässigkeiten erreichen.
Regionale und örtliche Erfahrungen sowie Besonderheiten von Klima, Boden und anderen Einflüssen können zu einer stark abweichenden Beurteilung von denen in der Liste genannten Baumarten und –sorten führen. Deshalb bleibt zur erfolgreichen Auswertung der Liste die kritische Anwendung eigener Beobachtungen im jeweiligen Bereich erforderlich. (www.galk.de 06.10.2006)

Im Folgenden werden die Spalten 5, 6 und 7 der GALK-Straßenbaumliste näher beschrieben:

<u>Lichtdurchlässigkeit wird durch einen Buchstaben angegeben:</u>

- ➢ s = stark lichtdurchlässig
- ➢ m = mäßig lichtdurchlässig
- ➢ g = gering lichtdurchlässig

<u>Lichtbedarf wird mit einem Symbol angegeben:</u>

> ➤ leerer Kreis = starker Lichtbedarf
>
> ➤ halb gefüllter Kreis = mäßiger Lichtbedarf
>
> ➤ voll ausgefüllter Kreis = geringer Lichtbedarf

<u>Verwendbarkeit im städtischen Straßenraum:</u>

> ➤ gut geeignet = Verwendung im Straßenraum fast ohne Einschränkung möglich
>
> ➤ geeignet = Verwendung im Straßenraum mit nur wenigen Einschränkungen
>
> ➤ geeignet m.E. = Verwendung im Straßenraum mit Einschränkungen
>   (Schädlings- und Krankheitsanfälligkeit, empfindlich gegen
>   Bodenerdichtung, flaches Wurzelsystem usw.)
>
> ➤ nicht geeignet = Verwendung im Straßenraum nur ausnahmsweise möglich

4.1.2 Aufgaben und Ziele

Wesentliche Aufgaben und Ziele der GALK-Straßenbaumliste sind:

> ➤ Die Beurteilung von Baumarten und –sorten für die Verwendung im städtischen
>   Straßenraum Mitteleuropas vorzunehmen.

> ➤ Die Fülle der Erkenntnisse, Erfahrungen und wissenschaftlichen Daten über
>   Wachstum, Resistenz, Größe und Verwendbarkeit von Bäumen in Stadt- und
>   Siedlungsräumen sowie in Straßen in eine überschaubare Form zu bringen.

> ➤ Zur Erweiterung der Artenvielfalt in den Städten beizutragen.

> ➤ Die fachliche Sicherheit und richtige Verwendung der Baumarten zu fördern.

> ➤ Die Bereitstellung von geeigneten Baumarten und –sorten in ausreichender Zahl
>   und Qualität durch Baumschulen zu sichern.

Die Liste soll das reichhaltige Angebot von Pflanzenarten –sorten für andere
grünplanerische Aufgaben keinesfalls einschränken. (www.galk.de 06.10.2006)

5 Abschlussbetrachtung

Bäume sind lebensnotwendig für uns Menschen. Als Straßengrün, als Alleen sowie an Wegen und auf Plätzen sind Bäume ein eminent wichtiger Bestandteil unseres Lebensraumes. Sie übernehmen nicht nur gestalterische oder architektonische Funktionen, sondern erfüllen zudem auch städtebauliche und landschaftsprägende Aufgaben. Auch für den Klimaausgleich und die Staubbindung sind die Holzgewächse relevant.

Bereits bei der Planung von Baumpflanzungen kann entscheidend auf die Nachhaltigkeit eines Gehölzes Einfluss genommen werden. So muss die Baumartenwahl auf die jeweiligen, teils auch widrigen, standörtlichen Gegebenheiten abgestimmt sein. Dabei sollten insbesondere in urbanen Räumen eine Vielzahl ökologischer Auswahlkriterien beachtet werden, die allerdings nicht immer bei heimischen Bäumen zutreffen. Deshalb kann heutzutage in Städten nicht mehr auf fremdländische Bäume und Züchtungen verzichtet werden. Hierzu sei an dieser Stelle auf die GALK-Straßenbaumliste hingewiesen.

Weitere wichtige Aspekte bei der Baumartenwahl und –verwendung sind die Lebenserwartung, der Platzbedarf, die Wuchskraft und Kronenform, aber auch die Stand- und Bruchsicherheit. Nicht weniger ins Gewicht fallende Kriterien sind der Lichtbedarf bzw. die Lichtdurchlässigkeit, die Stadtklimatoleranz und die Resistenz gegenüber Krankheiten und Schädlingen.

Doch nicht nur die oberirdischen Aspekte wie die Baumartenwahl, das Lichtraumprofil oder der Raumbedarf, auf die übrigens ausführlich in den neuen Regelwerken der FLL (Empfehlungen für Baumpflanzungen – Teil 1: Planung, Pflanzarbeiten, Pflege) eingegangen wird, sind entscheidend für nachhaltige Baumpflanzungen. Es sind auch die unterirdischen Standortfaktoren, wie Bodenbelüftung und Wurzelentwicklungsraum.

6 Quellenverzeichnis

a) <u>Literatur:</u>

Barnimer Baumschulen Biesenthal (2004): Hauptkatalog 2004/2005. Gartenbild Heinz Hansmann GmbH & Co. KG, Biesenthal.

Bauer, J. (2005a): GALK – Arbeitskreis Stadtbäume Sitzung. Zeitschrift Stadt + Grün, August 2005, Heft 8, S. 4, Patzer Verlag GmbH, Berlin.

Bauer, J. (2005b): GALK – Arbeitskreis Stadtbäume Sitzung. Zeitschrift Stadt + Grün, November 2005, Heft 11, S. 3, Patzer Verlag GmbH, Berlin.

Dobner, M. et al. (Red.) (1993): „Bäume im Lebensraum Stadt" Straßen und Plätze – Extremstandorte. Hrsg. Stadt Augsburg, Referat Umwelt und Kommunales, Amt für Grünordnung und Naturschutz, Augsburger Ökologische Schriften 3, Dr. Wißner Verlag, Augsburg.

Mader, G. und Neubert-Mader, L. (2004): Bäume – Gestaltungsmittel in Garten, Landschaft und Städtebau. Komet Verlag GmbH, Köln.

Odum, E. P. (1999): Ökologie – Grundlagen, Standorte, Anwendung. 3. völlig neubearb. Aufl., übers. und bearb. von Jürgen Overbeck, Georg Thieme Verlag, Stuttgart; New York.

Schiller-Bütow, H. (1980): Der Baum in der Stadt – eine Untersuchung über die Funktion, Ästhetik und Bedeutung der Bäume in den Städten. 2. Aufl., Patzer Verlag GmbH, Hannover [u. a.].

Schneidewind, A. (2005): Untersuchungen zur Standorteignung von Acer pseudoplatanus L. als Straßenbaum in Mitteldeutschland unter besonderer Berücksichtigung abiotischer und biotischer Stressfaktoren. Dissertation zur Erlangung des akademischen Grades Dr. rer. hort., Tenea Verlag, Bristol [u. a.].

Schuch, I. (2005): Entwurf eines Informationssystems zur Gehölzverwendung im Freiland unter Berücksichtigung regionaler Besonderheiten Brandenburgs. Bachelor-Arbeit, Humboldt-Univ. zu Berlin.

Stübbe, C. (2006): Zwischen Feinstaubdiskussion und Pilzantagonisten. Zeitschrift Neue Landschaft, Februar 2006, S. 5-7, Patzer Verlag GmbH, Berlin.

Zeitschrift Neue Landschaft (2005): FLL-Tagung „Baumpflanzungen mit Zukunft". Juli 2005, S. 22-23, Patzer Verlag GmbH, Berlin.

b) <u>Internetseiten:</u>

<u>www.baumwert.de</u> (Internetplattform über das Thema Gehölze, 09.10.2006, 23:29 Uhr)

<u>www.fll.de</u> (Forschungsgesellschaft Landschaftsentwicklung Landschaftsbau e. V.,
06.10.2006, 15:07 Uhr)

<u>www.galk.de</u> (Internetseite der Gartenamtsleiterkonferenz beim Deutschen Städtetag,
06.10.2006, 14:33 Uhr)

<u>www.google.de</u> (Suchmaschine, 06.10.2006, 14:31 Uhr)

<u>www.xfaweb.baden-wuerttemberg.de</u> (Fachinformationssystem d. Umweltministeriums
Baden-Württemberg und der Landesanstalt für
Umwelt, Messungen und Naturschutz BW,
06.10.2006, 15:49 Uhr)

c) <u>Tabellen:</u>

Tab. 1: verändert nach <u>www.galk.de</u> (06.10.2006, 14:33)

Tab. 1a - 1m: <u>www.galk.de</u> (06.10.2006, 14:33 Uhr)

7 Anhang

Tab. 1a GALK-Straßenbaumliste Stand 06/2006

lfd. Nr.	Botanischer und deutscher Name	Wuchshöhe in m	Breite in m	Lichtdurchlässigkeit	Lichtbedarf	Verwendbarkeit im städt. Straßenraum m. E. = mit Einschränkung	Bemerkungen
1	Acer campestre, Feldahorn	10-15 (20)	10 (15)	m	○-◑	geeignet m. E.	Kleiner bis mittelgroßer Baum mit eiförmiger, im Alter mehr rundlicher Krone; Kalk liebend, bevorzugt tiefgründige und feuchte Böden und ist deshalb nicht geeignet bei Bodenverdichtungen und hohem Versiegelungsgrad
2	Acer campestre 'Elsrijk'	6-12 (15)	4-6	m	○-◑	geeignet m. E.	Wie Nr. 1, jedoch gerader durchgehender Stamm, im Wuchs schmaler und gleichmäßiger als die Art, später Laubfall; mehltaufrei; Trockenheit und vorübergehende Nässe vertragend, im Weinbauklima sind Hitzeschäden möglich, dort nicht immer strahlungsfest, gebietsweise Frostschäden in der Krone
3	Acer monspessulanum *, Französischer Ahorn	5-8 (11)	4-7 (9)	m	○-◑		Im Straßenbaumtest seit 2005; anspruchsloser kleiner Baum mit breit-eiförmiger und rundlicher Krone; auf geraden durchgehenden Stamm achten; Kalk liebend; Wärme liebend und für trockene Standorte geeignet (Weinbauklima), gebietsweise Frostschäden; auch für Kübel und Container geeignet
4	Acer platanoides, Spitzahorn	20-30	15-22	g	○-◑	geeignet m. E.	Großer, rundkroniger, schnellwüchsiger Baum mit dicht geschlossener Krone, blüht vor Blattaustrieb; empfindlich gegen Bodenverdichtung
5	Acer platanoides 'Allershausen' *	15-20	-10	g	○-◑		Im Straßenbaumtest seit 2005; wie Nr. 4, jedoch raschwüchsiger großer Baum, gerader durchgehender Stamm; bisher keine Hitzeschäden und Rindennekrosen
6	Acer platanoides 'Apollo' *	14-18	10-15	g	○-◑		Im Straßenbaumtest seit 2005; wie Nr. 4, jedoch schneller wachsend
7	Acer platanoides 'Cleveland'	10-15	7-9	g	○-◑	geeignet	Wie Nr. 4, jedoch mittelgroßer Baum mit ovaler, im Alter breit eiförmiger, kompakter und regelmäßiger Krone, junge Blätter hellrot marmoriert; stadtklimafest
8	Acer platanoides 'Columnare' Typ 1 Typ 2 Typ 3	10 (16)	 2-3 3-5 5-7	g	○-◑	geeignet	Wie Nr. 4, jedoch schmaler säulenförmiger Baum, langsamer wachsend als die Art; Austrieb marmoriert, Belaubung später dunkelgrün; gebietsweise Rindennekrosen. 3 Typen im Handel: Typ 1: schmalste Form Typ 2: breiter als Typ 1 Typ 3: Krone weitet sich auf
9	Acer platanoides 'Deborah'	15-20	10-15	g	○-◑	geeignet m. E.	Im Straßenbaumtest seit 1995, mittelstark wachsend, Austrieb dunkelrot, später vergrünend, gerader durchgehender Stamm; gebietsweise Frostschäden in der Krone sowie Rindennekrosen

Tab. 1b GALK-Straßenbaumliste Stand 06/2006

lfd. Nr.	Botanischer und deutscher Name	Wuchshöhe in m	Breite in m	Lichtdurchlässigkeit	Lichtbedarf	Verwendbarkeit im städt. Straßenraum m. E. = mit Einschränkung	Bemerkungen
10	Acer platanoides 'Emerald Queen'	15	8-10	g	○-◑	geeignet m. E.	Wie Nr. 4, jedoch schnell- und schmalwüchsiger, Laub im Austrieb rot überlaufen, stadtklimafest und Trockenheit vertragend; gebietsweise starke Rindennekrosen
11	Acer platanoides 'Farlake's Green'	15-20	10-15	g	○-◑	geeignet m. E.	Im Straßenbaumtest seit 1995; straff aufrechter, kräftiger und gleichmäßiger Wuchs, Krone im Alter zu rundlich tendierend; wenig mehltauanfällig; gebietsweise Rindennekrosen
12	Acer platanoides 'Globosum', Kugelspitzahorn	-6	5-8	g	○-◑	geeignet	Im Alter breiter als höher, langsam wachsend, auf Lichtraumprofil achten; gebietsweise Rindennekrosen; auch für Kübel und Container geeignet
13	Acer platanoides 'Royal Red'	15 (20)	8-10	g	○-◑	geeignet m. E.	Langsam wachsend, rotlaubig, mehltauanfällig; gebietsweise Rindennekrosen
14	Acer platanoides 'Summershade'	20-25	15-20	g	○-◑	geeignet m. E.	Rasch wachsend, ausladende und hängende Äste, bildet Quirle, windbruchgefährdet; stadtklimafest
15	Acer platanoides 'Olmsted'	10-12 (15)	2-3	g	○-◑	geeignet	Krone schmal, säulenförmig, langsam wachsend gebietsweise Rindennekrosen; ähnlich Acer platanoides 'Columnare'
16	Acer pseudoplatanus, Bergahorn	25-30 (40)	15-20 (25)	g	○-◑	nicht geeignet	Großer Baum mit eiförmiger Krone, blüht nach Blattaustrieb, Honigtauabsonderung; bevorzugt tiefgründige und feuchte Böden und ist deshalb nicht geeignet bei Bodenverdichtungen und hohem Versiegelungsgrad - gilt auch für alle Sorten
17	Acer pseudoplatanus 'Erectum'	15-20 (25)	6-8 (10)	g	○-◑	nicht geeignet	Wie Nr. 16, in der Jugend jedoch schmalkroniger, später stärker in die Breite wachsend; gebietsweise Rindennekrosen
18	Acer pseudoplatanus 'Negenia'	20-25 (30)	10-15	g	○-◑	nicht geeignet	Wie Nr. 16, Krone breit-pyramidal, vergreist früh; gebietsweise Rindennekrosen
19	Acer pseudoplatanus 'Rotterdam'	20-25 (30)	10-12 (15)	g	○-◑	nicht geeignet	Wie Nr. 16, Krone dichtastig, stumpfkegelig, keine Leittriebbildung; gebietsweise Rindennekrosen
20	Acer rubrum *, Rotahorn	10-15 (20)	6-10 (14)	g	○-◑		Gute Herbstfärbung; auf Kalkböden Chlorosegefahr; bedingt stadtklimafest; verschiedene Sorten im Handel
21	Acer rubrum 'Armstrong' *	10-15 (20)	5 (7)	g	○		Wie Nr. 20, jedoch Krone schmaler als die Art, gerader durchgehender Stamm, Blüte im März rotorange
22	Acer rubrum 'Scanlon' *	10-12	3-4	g	○		Wie Nr. 20, jedoch schmal-eiförmige Krone, im Alter breiter werdend, Herbstfärbung
23	Acer saccharinum, Silberahorn	25-30	20-25	s	○	nicht geeignet	Großer, starkwachsender Baum mit hochgewölbter Krone und weit ausladenden, locker stehenden Ästen, windbrüchig, kurzlebig; auf Kalkböden Chlorosegefahr

Tab. 1c GALK-Straßenbaumliste Stand 06/2006

lfd. Nr.	Botanischer und deutscher Name	Wuchshöhe in m	Breite in m	Lichtdurchlässigkeit	Lichtbedarf	Verwendbarkeit im städt. Straßenraum m. E. = mit Einschränkung	Bemerkungen
24	Aesculus carnea, Rotblühende Kastanie	10-15 (20)	8-12 (16)	g	o–ɔ	geeignet m. E.	Mittelgroßer Baum mit breitgewölbter, dicht geschlossener Krone, schwierig aufzuasten, wenig Früchte, nicht geeignet bei Bodenverdichtungen und hohem Versiegelungsgrad; Blütenbaum
25	Aesculus carnea 'Briotii'	10-15	8-12	g	o–ɔ	geeignet m. E.	Wie Nr. 24, jedoch gefüllte, kräftiger gefärbte Blüte, kaum Früchte
26	Aesculus hippocastanum, Rosskastanie	25 (30)	15-20 (25)	g	o	geeignet m. E.	Großer Baum mit breiter, dicht geschlossener Krone, Blütenbaum, Fruchtfall beachten; empfindlich gegen Bodenverdichtung und Salz; gebietsweise Rindennekrosen, Kastanienminiermotte; stadtklimafest
27	Aesculus hippocastanum 'Baumannii'	25 (30)	15-20 (25)	g	o	geeignet m. E.	Wie Nr. 26, jedoch gefüllt blühend, keine Früchte
28	Ailanthus altissima, Götterbaum	20-25	10-15 (20)	m	o	geeignet m. E.	Großer Baum mit eiförmiger Krone, gebietsweise gute Eignung, gerader durchgehender Stamm nur schwer erziehbar, bruchgefährdet, Blütenbaum, Fruchtschmuck; anspruchslos, aber auch verwildernd, auch extreme Trockenheit vertragend, gebietsweise frostgefährdet
29	Alnus cordata, Italienische Erle	10-15 (20)	8-10	m	o	geeignet m. E.	Kleiner bis mittelgroßer Baum mit lockerer, eiförmiger Krone, gebietsweise gute Eignung, treibt früh aus, lang haftende Belaubung (Schneebruchgefahr), hoher Lichtbedarf, in der Jugend frostempfindlich
30	Alnus glutinosa, Schwarzerle	10-20 (25)	8-12 (14)	m	o	nicht geeignet	Großer Baum mit pyramidaler, lockerer Krone, kurzlebig, bevorzugt offene und feuchte Böden und ist deshalb nicht geeignet bei Bodenverdichtungen und hohem Versiegelungsgrad
31	Alnus incana, Grau-, Weißerle	6-10 (20)	4-8 (12)	m	o	nicht geeignet	Großer Baum mit dichter, pyramidaler Krone, Flachwurzler, bildet Wurzelausläufer
32	Alnus spaethii, Erle Spaethii	12-15	8-10	m	o	gut geeignet	Im Straßenbaumtest seit 1995, sehr raschwüchsiger Baum mit breit-pyramidaler Krone, Äste locker aufrecht; im Alter mehr waagerecht ausgebreitet, gerader durchgehender Stamm, lang haftende, dunkelgrüne, leicht glänzende Belaubung (Schneebruchgefahr)
33	Amelanchier arborea 'Robin Hill' *, Felsenbirne	6-8	3-5	m	o–ɔ		Im Straßenbaumtest seit 2005; kleiner Baum, Lichtraumprofil beachten, Herbstfärbung, Blütenbaum; auch für Kübel und Container geeignet
34	Betula papyrifera, Papierbirke	18-25	7-12	s	o	geeignet m. E.	Wie Nr. 35, jedoch mit pyramidaler Krone und straffer im Wuchs, etwas strahlungsfester
35	Betula pendula, Sandbirke	18-25 (30)	10-15 (18)	s	o	geeignet m. E.	Großer, raschwüchsiger Baum mit locker hochgewölbter Krone, nicht stadtklimafest und daher nicht in befestigten Flächen verwenden, kurzlebig, hoher Lichtanspruch, Flachwurzler, Pioniergehölz

Tab. 1d GALK-Straßenbaumliste Stand 06/2006

lfd. Nr.	Botanischer und deutscher Name	Wuchshöhe in m	Breite in m	Lichtdurchlässigkeit	Lichtbedarf	Verwendbarkeit im städt. Straßenraum m. E. = mit Einschränkung	Bemerkungen
36	Betula utilis *, Schneebirke	8-10 (15)	5-7	s	o		Mittelgroßer Baum mit breit-ovaler, lockerer Krone, im Alter rundlich, bevorzugt feuchte, durchlässige saure bis neutrale Böden, Kalk meiden, liebt kühle, luftfeuchte Standorte
37	Carpinus betulus, Hainbuche	10-20 (25)	7-12 (15)	m		geeignet m. E.	Mittelgroßer Baum mit kegelförmiger, im Alter hochgewölbter, rundlicher Krone, nicht stadtklimafest und daher nicht in befestigten Flächen verwenden
38	Carpinus betulus 'Fastigiata', Pyramiden-Hainbuche	15-20	4-5 (10)	g		geeignet	Wie Nr. 37, jedoch säulen- bis kegelförmige und dichtere Krone, im Alter auseinanderfallend, auf durchgehenden Leittrieb achten, weniger hitze- und strahlungsempfindlich, auch für Kübel und Container geeignet
39	Carpinus betulus 'Frans Fontaine', Säulen-Hainbuche	10-15	4-5	g	o-◑	geeignet	Wie Nr. 38, jedoch auch im Alter säulenförmig, Krone in der Jugend nicht ganz geschlossen, sehr windfest
40	Catalpa bignonioides, Trompetenbaum	8-10 (15)	6-10	m	o-◑	geeignet m. E.	Schnellwüchsiger, mittelgroßer Baum mit rundlicher Krone und weit ausladenden Seitenästen, artbedingt kein durchgehender Leittrieb, Krone im Alter breit gewölbt, großes dekoratives Blatt, später Austrieb, früher Blattfall, auffällige weiße Blütenrispen im Juni/Juli, Fruchtschmuck; auf Lichtraumprofil achten, bruchgefährdet; gebietsweise frostgefährdet
41	Celtis australis, Südlicher Zürgelbaum	10-20	10-15	m	o	geeignet m. E.	Kleiner bis mittelgroßer Baum mit ausladender Krone, Stammbildung besser als Nr. 42, auf geraden Leittrieb achten, Wärme liebend und für trockene Standorte geeignet (Weinbauklima), gebietsweise frostgefährdet
42	Celtis occidentalis, Amerikanischer Zürgelbaum	10-20	10-15	m	o	nicht geeignet	Wie Nr. 41, jedoch mit breit ausladender Krone
43	Cercis siliquastrum *, Gemeiner Judasbaum	4-6	4-6	g	o		Kleiner Baum, langsam wachsend, auf Lichtraumprofil und geraden Leittrieb achten, Blütenbaum; Wärme liebend und für trockene Standorte geeignet (Weinbauklima), gebietsweise frostgefährdet
44	Corylus colurna, Baumhasel	15-18 (23)	8-12 (16)	g	o-◑	gut geeignet	Mittelgroßer bis großer Baum mit regelmäßiger, breit-kegelförmiger Krone, gerader durchgehender Stamm, Fruchtfall beachten, essbare Früchte; stadtklimafest
45	Crataegus crus-galli, Hahnendorn	5-7 (9)	5-7 (9)	m	o-◑	geeignet m. E.	Kleiner Baum mit breit-runder Krone, neigt zu Gabelungen, besonders lange Dornen, Lichtraumprofil beachten, Blütenbaum, Fruchtschmuck; Kalk liebend, leichte bis mittelschwere Böden, anfällig gegen Feuerbrand, auch für Kübel und Container geeignet, identisch mit Crataegus x prunifolia 'Splendens'

Tab. 1e GALK-Straßenbaumliste Stand 06/2006

lfd. Nr.	Botanischer und deutscher Name	Wuchshöhe in m	Breite in m	Lichtdurchlässigkeit	Lichtbedarf	Verwendbarkeit im städt. Straßenraum m. E. = mit Einschränkung	Bemerkungen
46	Crataegus laevigata 'Paul's Scarlet', Echter Rotdorn	4-6 (8)	4-6 (8)	s	○	geeignet m. E.	Wie Nr. 45, jedoch breit-kegelförmiger, im Alter mehr rundliche Krone mit breit ausladenden Seitenästen, zeitweise starker Befall von Gespinstmotte und Rost, anfällig gegen Feuerbrand; auch für Kübel und Container geeignet
47	Crataegus lavallei 'Carrierei', Apfeldorn	5-7	5-7	m	○	geeignet	Wie Nr. 45, Triebe mit starken Dornen, lang haftendes ledrig glänzendes dunkelgrünes Laub; anfällig gegen Feuerbrand; auch für Kübel und Container geeignet
48	Crataegus monogyna 'Stricta', Säulenweißdorn	5-7	2-3	m	○-◑	geeignet m. E.	Kleiner Baum, straff aufrecht im Wuchs, im Alter auseinanderfallend, Blütenbaum; etwas trockenheitsempfindlich; zeitweise starker Befall von Gespinstmotte und Rost, anfällig gegen Feuerbrand; auch für Kübel und Container geeignet
49	Crataegus x prunifolia, Pflaumenblättriger Weißdorn	6-7	5-6	m	○	geeignet m. E.	Wie Nr. 45
50	Crataegus x mordenensis 'Toba' *	5-7	4-6	m	○-◑		Wie Nr. 45, jedoch Krone ausladend, Blüte weißrot; bisher keine Rostanfälligkeit bekannt; auch für Kübel und Container geeignet
51	Fraxinus angustifolia 'Raywood'	10-15 (20)	10-15	s	○-◑	geeignet m. E.	Mittelgroßer bis großer Baum mit eiförmiger, etwas unregelmäßiger, im Alter lockerer Krone, auf durchgehenden Leittrieb achten, Herbstfärbung violett bis weinrot; Kalk liebend, trockene Böden und stadtklimafest, empfindlich gegen Staunässe; gebietsweise frostempfindlich
52	Fraxinus excelsior, Gemeine Esche	20-35 (40)	20-25 (30)	s	○-◑	geeignet m. E.	Großer Baum mit rundlicher, lichter Krone, später Austrieb, frisch bis feuchte, tiefgründige, sandig bis lehmige Böden; Kalk liebend, empfindlich gegen Oberflächenverdichtung
53	Fraxinus excelsior 'Altena' *	15-20	10-12	s	○-◑		Wie Nr. 52, jedoch schlanker und regelmäßiger Wuchs
54	Fraxinus excelsior 'Atlas'	15-20	10-15	s	○-◑	geeignet	Im Straßenbaumtest seit 1995; wie Nr. 52, jedoch kompaktere, schmalere Krone
55	Fraxinus excelsior 'Diversifolia'	10-18	6-12	s	○-◑	geeignet	Im Straßenbaumtest seit 1995; wie Nr. 52, jedoch kleiner und schmalwüchsiger, lockerer Kronenaufbau, aufrechter Wuchs, ein für Eschen untypisches Blatt
56	Fraxinus excelsior 'Geessink'	15-20	10-12	s	○-◑	geeignet	Wie Nr. 52, jedoch schmal und schwächer wachsend
57	Fraxinus excelsior 'Globosa', Kugelesche	3-5	3-5	s	○-◑	geeignet	Wie Nr. 52, jedoch kleiner kugelförmiger Baum, dicht verzweigt, langsam wachsend, auf Lichtraumprofil achten
58	Fraxinus excelsior 'Westhofs Glorie'	20-25 (30)	12-15	s	○-◑	geeignet	Wie Nr. 52, jedoch sehr spät austreibend, gerader durchgehender Stamm

Tab. 1f GALK-Straßenbaumliste Stand 06/2006

lfd. Nr.	Botanischer und deutscher Name	Wuchshöhe in m	Breite in m	Lichtdurchlässigkeit	Lichtbedarf	Verwendbarkeit im städt. Straßenraum m. E. = mit Einschränkung	Bemerkungen
59	Fraxinus ornus, Blumenesche	8-12 (15)	6-8 (10)	m	o	geeignet	Schwachwüchsiger kleiner Baum mit rundlicher oder breit-pyramidaler Krone, selten mit geradem Leittrieb, auf Lichtraumprofil achten, Blütenbaum; nicht in befestigten Flächen verwenden; stadtklimafest
60	Fraxinus ornus 'Rotterdam'	8-12	6-8	m	o	geeignet	Wie Nr. 59, jedoch regelmäßiger und kegelförmiger Kronenaufbau; auch für Kübel und Container geeignet
61	Fraxinus pennsylvanica *, Rotesche	15-20	10-15	m	o-ɑ		Im Straßenbaumtest seit 2005; starkwüchsig, im Alter ausladende Krone, gerader durchgehender Stamm; stadtklimafest
62	Ginkgo biloba, Fächerbaum	15-30 (35)	10-15 (20)	s	o-ɑ	gut geeignet	Großer Baum mit unterschiedlichen Wuchsformen, fächerartige Blätter, zweihäusig, krankheitsresistent, hoher Lichtanspruch, Fruchtfall beachten, Herbstfärbung; stadtklimafest
63	Ginkgo biloba 'Princeton Sentry' *	15-20	4-6	s	o-ɑ		Im Straßenbaumtest seit 2005; wie Nr. 62, jedoch schmal-säulenförmige Krone, schwachwüchsig, männliche Selektion, Herbstfärbung
64	Ginkgo biloba 'Fastigiata Blagon' *	15-20	8-10	s	o-ɑ		Im Straßenbaumtest seit 2005; wie Nr. 62, jedoch schmal-kegelförmiger Wuchs, zweihäusig, Fruchtfall beachten, Herbstfärbung
65	Gleditsia triacanthos, Falscher Christusdorn	15-20 (25)	10-15	s	o	nicht geeignet	In der Jugend stark wachsend, im Alter breite schirmförmige Krone, lange starke Dornen- und Fruchtbildung, kein durchgehender Leittrieb, anspruchslos, stadtklimafest, Windbruchgefährdung auf nährstoffreichen Böden, daher Abmagerung des Standortes, Verkehrsgefahr durch Dornen am Stamm und Abwurf im Alter
66	Gleditsia triacanthos 'Inermis'	10-25	8-15 (20)	s	o	geeignet	Wie Nr. 65, jedoch dornenlose Form, bei der in Einzelfällen nachträglich Dornen gebildet werden können, als junger Baum frostempfindlich
67	Gleditsia triacanthos 'Shademaster'	10-15 (20)	10-15	s	o	geeignet	Wie Nr. 65, bisher wurden noch keine Dornen beobachtet, später Laubfall
68	Gleditsia triacanthos 'Skyline'	10-15 (20)	10-15	s	o	gut geeignet	Wie Nr. 65, jedoch gleichmäßig geschlossene Krone mit aufstrebenden Ästen, dornenlose Sorte, bei der in Einzelfällen nachträglich Dornen gebildet werden können; keine Fruchtbildung
69	Gleditsia triacanthos 'Sunburst'	8-10	6-8	s	o	geeignet m. E.	Wie Nr. 65, jedoch kleiner Baum, Austrieb hellgelb, später grüngelb, dornenlos, auf Lichtraumprofil achten, gebietsweise frostgefährdet
70	Koelreuteria paniculata *, Blasenbaum	6-8	6-8	s	o		Im Straßenbaumtest seit 2005, kleiner langsamwüchsiger Baum, Krone sehr breit, auf Lichtraumprofil achten, Blütenbaum; stadtklimafest

Tab. 1g GALK-Straßenbaumliste Stand 06/2006

lfd. Nr.	Botanischer und deutscher Name	Wuchshöhe in m	Breite in m	Lichtdurchlässigkeit	Lichtbedarf	Verwendbarkeit im städt. Straßenraum m. E. = mit Einschränkung	Bemerkungen
71	Liquidambar styraciflua, Amberbaum	10-20 (30)	6-12	m	○	geeignet m. E.	Mittelgroßer bis großer Baum, Kronenform stark variierend, im Alter offene Krone, gerader durchgehender Stamm, Herbstfärbung; möglichst auf frischen Böden; gebietsweise als Jungbaum frostgefährdet
72	Liquidambar styraciflua 'Moraine' *	10-20	6-12	m	○-◐		Wie Nr. 71, jedoch gleichmäßigere Krone und schnellerer Wuchs, Laub glänzend hellgrün, Herbstfärbung
73	Liquidambar styraciflua 'Paarl' *	15-25	3-4	m	○		Im Straßenbaumtest seit 2005, wie Nr. 71, jedoch mittlere Wuchskraft mit schmaler Krone, Herbstfärbung
74	Liriodendron tulipifera, Tulpenbaum	25-35	15-20	g	○	geeignet m. E.	Großer Baum mit breit-kegelförmigem Wuchs; durchgehender Leittrieb, raschwüchsig, verlangt tiefgründige, nährstoffreiche Böden, Pflanzung mit Ballen vorzugsweise im Frühjahr, sonst leicht Wurzelfäule
75	Liriodendron tulipifera 'Fastigiata' *	15-18	4-6	g	○		Wie Nr. 74, jedoch schmalkronig, straff aufrecht wachsend
76	Magnolia kobus *, Baummagnolie	8-10	4-8	m	○-◐		Krone breit-kegelförmig, im Alter ausladend, Blütenbaum, Blüte vor Austrieb
77	Malus spec., Zierapfelformen	4-8	4-6	m	○-◐	geeignet m. E.	Kleiner Baum, verlangt gute nährstoffreiche Standorte, auf Lichtraumprofil achten, bei Sorten auf Krankheitsresistenz achten, Blütenbaum, Fruchtschmuck, Fruchtfall beachten
78	Malus-Hybride 'Evereste'	4-6	3-5	m	○-◐	geeignet m. E.	Wie Nr. 77, Krone breit aufrecht, später rundlich, geringe Schorfanfälligkeit, Fruchtschmuck, geringe Anfälligkeit gegen Pilzbefall
79	Malus-Hybride 'Red Sentinel'	4-5	3-4	m	○-◐	geeignet m. E.	Wie Nr. 77, Krone schlank mit tief überhängenden Seitenästen, geringe Schorfanfälligkeit
80	Malus-Hybride 'Rudolph'	5-6	4-5	m	○-◐	geeignet m. E.	Wie Nr. 77, Krone aufrecht, später rund, geringe Schorfanfälligkeit
81	Malus-Hybride 'Street Parade'	4-6	2-3	m	○-◐	geeignet m. E.	Wie Nr. 77, Krone schmal-eiförmig, geringe Mehltau- und Schorfanfälligkeit
82	Malus tschonoskii *	8-12	2-4	m	○-◐		Im Straßenbaumtest seit 2005, Krone schmal-kegelförmig, im Alter breiter werdend, schnellwüchsig, durchgehender Leittrieb, Herbstfärbung, Blüten und Fruchtschmuck unscheinbar, geringe Schorfanfälligkeit, hohe Krebsanfälligkeit, verlangt nährstoffreiche Böden
83	Metasequoia glyptostroboides *, Urweltmammutbaum	25-35 (40)	7-10	s	○		Schnellwüchsiger großer Nadelbaum mit schmaler, spitz-kegelförmiger Krone, sommergrün, leicht aufastbar

Tab. 1h GALK-Straßenbaumliste Stand 06/2006

lfd. Nr.	Botanischer und deutscher Name	Wuchshöhe in m	Breite in m	Lichtdurchlässigkeit	Lichtbedarf	Verwendbarkeit im städt. Straßenraum m. E. = mit Einschränkung	Bemerkungen
84	Ostrya carpinifolia *, Hopfenbuche	10-15 (20)	8-12	m	○-◑		Im Straßenbaumtest seit 2005, mittelhoher Baum, Krone kegelförmig, später rundlich, Wärme liebend und für trockene Standorte geeignet (Weinbauklima), im Erscheinungsbild der Hainbuche ähnlich
85	Platanus acerifolia, Platane	20-30 (40)	15-25	g	○	geeignet	Großer schnellwüchsiger Baum mit weit ausladender Krone, Befall von Schadorganismen wie z. B. Blattbräune, Platanenwelke, Platanennetzwanze etc. haben in den letzten Jahren zugenommen; stadtklimafest
86	Populus berolinensis, Berliner Lorbeer-pyramidenpappel	18-25	8-10	m	○	geeignet m. E.	Großer Baum mit breit-säulenförmiger Krone, gerader durchgehender Stamm, schnell wachsend, bildet Wurzelausläufer
87	Populus canescens, Graupappel	20-25 (30)	15-20 (25)	m	○-◑	nicht geeignet	Großer raschwüchsiger Baum mit breit ausladender Krone, bildet Wurzelausläufer
88	Populus simonii, Birkenpappel	12-15	6-8 (10)	m	○	geeignet m. E.	Mittelgroßer Baum, Krone schmal-kegelförmig, gerader durchgehender Stamm, schnellwüchsig, gebietsweise Schneebruchgefahr, bedingt durch frühen Austrieb
89	Populus simonii 'Fastigiata'	7-10	4-6	m	○	geeignet m. E.	Wie Nr. 88, jedoch anfangs säulenförmig, später breit-kegelförmige Krone
90	Populus tremula, Zitterpappel, Espe	10-20	7-10	s	○	nicht geeignet	Mittelgroßer Baum mit lockerer unregelmäßiger Krone, bildet Wurzelausläufer
91	Prunus avium, Vogelkirsche	15-20 (25)	10-15	g	○	nicht geeignet	Mittelgroßer Baum, Gefahr von "Gummifluss", Blütenbaum, Fruchtfall
92	Prunus avium 'Plena', Gefülltblühende Vogelkirsche	10-15	8-10	g	○	geeignet m. E.	Wie Nr. 91, jedoch regelmäßig pyramidale Krone, durchgehender Leittrieb, keine Früchte
93	Prunus padus, Traubenkirsche	10-15	8-10	m	○-◑	nicht geeignet	Mittelgroßer Baum mit breit-kegeliger Krone, neigt aufgrund starker Stock- und Stammausschläge zu Mehrstämmigkeit, Blütenbaum; Befall von Gespinstmotte
94	Prunus padus 'Schloss Tiefurt' *	9-12	6-8	m	○-◑		Im Straßenbaumtest seit 2005, wie Nr. 93, jedoch kleiner Baum mit gleichmäßig geschlossener Krone, gerader durchgehender Stamm
95	Prunus sargentii *, Scharlachkirsche	8-12	5-8	m	○-◑		Kleiner Baum, trichterförmig aufrecht wachsend, im Alter breit ausladend, Blütenbaum, spärlich fruchtend, Herbstfärbung
96	Prunus sargentii 'Rancho' *	6-8	3-4	m	○-◑		Wie Nr. 95, jedoch Krone säulenförmig, nicht fruchtend

Tab. 1i GALK-Straßenbaumliste Stand 06/2006

lfd. Nr.	Botanischer und deutscher Name	Wuchshöhe in m	Breite in m	Lichtdurchlässigkeit	Lichtbedarf	Verwendbarkeit im städt. Straßenraum m. E. = mit Einschränkung	Bemerkungen
97	Prunus spec., Japanische Kirsche in Arten und Sorten	3-15	1-10	g	○	geeignet m. E.	Kleine bis mittelgroße Bäume mit unterschiedlichen Kronenformen, Blütenbaum; Gefahr von "Gummifluss" bei ungeeigneten Standorten, vorzeitige Alterung, je nach Veredelungsform Stamm- und Wurzelaustriebe; auch für Kübel und Container geeignet
98	Prunus schmittii, Zierkirsche schmittii	8-10	3-5	m	○-◑	geeignet	Wie Nr. 97, jedoch schmal-kegelförmig, in der Jugend langsam wachsend, gerader durchgehender Stamm
99	Pterocarya fraxinifolia, Flügelnuss	10-20 (25)	10-20	g	○	nicht geeignet	Großer Baum mit breit ausladender Krone, raschwüchsig, bildet Wurzelausläufer, Austrieb spätfrostgefährdet
100	Pyrus calleryana 'Chanticleer', Stadtbirne Chanticleer	8-12 (15)	4-5	m	○	geeignet	Kleiner bis mittelgroßer Baum, Krone schmal-kegelförmig, später locker breit-pyramidal, Blütenbaum, teilweise Fruchtbildung, früher Austrieb, Laubfall erst nach starkem Frost (Schneebruchgefahr); gebietsweise Birnengitterrost, feuerbrandgefährdet; gebietsweise frostempfindlich
101	Pyrus canescens *, Weißgraue Wildbirne	7-10	4-6	m	○-◑		Mittelgroßer Baum mit schmal-kegelförmiger Krone, gerader durchgehender Stamm, Blütenbaum, Fruchtbildung beachten; Kalk liebend; gebietsweise Birnengitterrost, feuerbrandgefährdet; nicht strahlungsfest
102	Pyrus caucasica, Kaukasische Wildbirne	8-12	3-4	m	○-◑	geeignet m. E.	Im Straßenbaumtest seit 1995; mittelgroßer Baum mit säulen bis kegelförmiger Krone, straff aufrecht wachsend, gerader durchgehender Stamm, Blütenbaum, Fruchtbildung beachten, gebietsweise Birnengitterrost, feuerbrandgefährdet
103	Pyrus communis 'Beech Hill', Wildbirne Beech Hill	8-12	5-7	m	○-◑	geeignet m. E.	Im Straßenbaumtest seit 1995; mittelgroßer Baum, Krone anfänglich straff aufrecht wachsend, später auseinanderfallend, Blütenbaum, Fruchtbildung beachten; gebietsweise Birnengitterrost, feuerbrandgefährdet
104	Pyrus regelii, Wildbirne	8-10	7-9	g	○-◑	geeignet m. E.	Im Straßenbaumtest seit 1995; mittelgroßer Baum mit lockerer sperriger Verzweigung, Krone eiförmig bis rundlich, Blütenbaum, teilweise Fruchtbildung; gebietsweise Birnengitterrost, feuerbrandgefährdet
105	Quercus cerris, Zerreiche	20-30	10-15 (25)	m	○	geeignet	Großer Baum mit stumpf-kegeliger Krone, auch auf trockenen Böden, stadtklimafest
106	Quercus frainetto *, Ungarische Eiche	10-20 (25)	10-15	g	○-◑		Im Straßenbaumtest seit 2005; mittelgroßer bis großer Baum mit rundlich auslandender Krone; stadtklimafest
107	Quercus palustris, Sumpfeiche	15-20 (25)	8-15 (20)	m	○	geeignet	Großer Baum mit gleichmäßiger, kegelförmiger Krone, gerader durchgehender Stamm, Herbstfärbung; auch auf mäßig trockenen Böden gedeihend, auf Kalkböden Chlorosegefahr
108	Quercus petraea, Traubeneiche	20-30 (40)	15-20 (25)	s	○	geeignet	Großer Baum mit regelmäßiger eiförmiger Krone; stadtklimafester als Nr. 109

Tab. 1j GALK-Straßenbaumliste Stand 06/2006

lfd. Nr.	Botanischer und deutscher Name	Wuchshöhe in m	Breite in m	Lichtdurchlässigkeit	Lichtbedarf	Verwendbarkeit im städt. Straßenraum m. E. = mit Einschränkung	Bemerkungen
109	Quercus robur, Stieleiche	25-35 (40)	15-20 (25)	s	o	geeignet	Großer Baum mit breit-kegeliger Krone, weit ausladend; Befall von Schadorganismen wie z. B. Eichensplintkäfer, Eichenwickler, Phytophtora; Pflanzung nicht vor Dezember
110	Quercus robur 'Fastigiata', Stielsäuleneiche	15-20	5-7	m	o	geeignet	Wie Nr. 109, jedoch säulenförmiger Wuchs, im Alter auseinanderfallend, durch Aussaat oft nicht typische Wuchsform
111	Quercus robur 'Fastigiata Koster'	15-20	3-5	m	o-◑	geeignet	Wie Nr. 110, jedoch auch im Alter schlanker und kompakter Wuchs
112	Quercus rubra, Amerikanische Roteiche	20-25	12-18 (20)	g	o	geeignet m. E.	Starkwüchsiger großer Baum mit rundlicher Krone, durchgehender Leittrieb, Herbstfärbung, anspruchsloser als Nr. 109, auf Kalkböden Chlorosegefahr
113	Robinia pseudoacacia, Scheinakazie	20-25	12-18 (22)	s	o	geeignet	Großer Baum mit lockerer unregelmäßiger Krone, in der Jugend raschwüchsig, Blütenbaum; anspruchslos, aber windbruchgefährdet auf nährstoffreichen Böden, im Alter Totholzbildung, bildet Wurzelausläufer; stadtklimafest
114	Robinia pseudoacacia 'Bessoniana', Kegelakazie	20-25	10-12 (15)	s	o	geeignet	Wie Nr. 113, jedoch im Alter breite rundliche und dicht verzweigte Krone, meist durchgehender Leittrieb, wenige und nur kleine Dornen, selten Blüten
115	Robinia pseudoacacia 'Monophylla', Straßenakazie Monophylla	15-20 (25)	8-10	s	o	geeignet	Wie Nr 113, jedoch aufrechterer Wuchs, nur wenige kleine Dornen, durchgehender Leittrieb, gebietsweise frostgefährdet
116	Robinia pseudoacacia 'Nyirsegi'	25-30	10-15	m	o	geeignet	Wie Nr. 113, jedoch gerader durchgehender Stamm bis in die Krone, weniger Dornen und geringere Bruchgefahr
117	Robinia pseudoacacia 'Sandraudiga'	20-25	12-18 (22)	s	o	geeignet	Im Straßenbaumtest seit 1995, wie Nr. 113, jedoch geradschäftig, rosa Blüten
118	Robinia pseudoacacia 'Semperflorens' *	15-20	10-15	s	o		Wie Nr. 113, jedoch geringe Bedornung, Nachblüte im Herbst
119	Robinia pseudoacacia 'Umbraculifera', Kugelakazie	4-6	4-6	m	o	geeignet	Wie Nr. 113, jedoch kleiner Kugelbaum mit dichter Krone, keine Blüte, Lichtraumprofil beachten, auch für Kübel und Container geeignet
120	Salix alba, Weißweide, Silberweide	15-20 (25)	10-15 (20)	m	o	nicht geeignet	Großer Baum mit lockerer, breit ausladender Krone, Bruchgefahr, bevorzugt feuchte Böden
121	Salix alba 'Liempde'	20-30	10-12	m	o	nicht geeignet	Wie Nr. 120, jedoch schnellwüchsig und schmal-kegelförmige Krone mit aufwärtsgerichteten Ästen, gerader durchgehender Stamm

Tab. 1k GALK-Straßenbaumliste Stand 06/2006

lfd. Nr.	Botanischer und deutscher Name	Wuchshöhe in m	Breite in m	Lichtdurchlässigkeit	Lichtbedarf	Verwendbarkeit im städt. Straßenraum m. E. = mit Einschränkung	Bemerkungen
122	Sophora japonica, Schnurbaum	15-20 (25)	12-18 (20)	m	○	geeignet m. E.	Mittelgroßer bis großer Baum mit breiter rundlicher Krone, im Alter ausladend, auf geraden durchgehenden Stamm achten, Sommerschnitt, Blütenbaum; als junger Baum gebietsweise frostgefährdet
123	Sophora japonica 'Regent'	15-20 (25)	10-15	m	○	geeignet m. E.	Im Straßenbaumtest seit 1995; wie Nr. 122, entbehrliche Sorte, da sie keine Verbesserung zur Art darstellt
124	Sorbus aria, Mehlbeere	6-12 (18)	4-7 (12)	m	○	geeignet m. E.	Kleiner Baum mit gleichmäßig aufgebauter kegelförmiger Krone, im Alter breiter und lockerer, langsamwüchsig, Lichtraumprofil beachten, Blütenbaum, Fruchtschmuck, Fruchtfall beachten, feuerbrandgefährdet
125	Sorbus aria 'Magnifica'	6-12 (18)	4-7 (12)	m	○	geeignet m. E.	Wie Nr. 124, jedoch kleiner und regelmäßig aufgebaute Krone, Wuchs schmaler, im Alter breiter
126	Sorbus aria 'Majestica'	8-10 (12)	4-7	m	○	geeignet m. E.	Wie Nr. 124, jedoch schmal-kegelförmige Krone, im Alter schirmförmig, Früchte und Blätter größer
127	Sorbus aucuparia, Eberesche, Vogelbeere	6-12	4-6	s	○-◑	nicht geeignet	Kleiner bis mittelgroßer Baum, kegelförmige Krone, im Alter rundlich, Blütenbaum, Fruchtschmuck, Fruchtfall beachten; bevorzugt leicht saure, frische bis feuchte Böden; nicht stadtklimafest
128	Sorbus aucuparia 'Edulis', Essbare Eberesche	10-15	6-7	s	○-◑	nicht geeignet	Wie Nr. 127, jedoch gleichmäßige, geschlossene und schlanke Krone
129	Sorbus intermedia, Schwedische Mehlbeere	10-15 (20)	5-7	g	○	geeignet m. E.	Mittelgroßer Baum, kegelförmige Krone, im Alter rundlich, Lichtraumprofil beachten, langsam wachsend, Blütenbaum, Fruchtschmuck, Fruchtfall beachten
130	Sorbus intermedia 'Brouwers'	9-12	4-7	g	○	geeignet	Wie Nr. 129, jedoch kompakt pyramidale Krone, gerader durchgehender Stamm
131	Sorbus thuringiaca 'Fastigiata'	5-7	4-5	s	○	geeignet	Wie Nr. 129, jedoch schmale, kegelförmige und kompakte Krone, langsam wachsend
132	Tilia americana 'Nova', Riesenblättrige Linde	25-30	15-20	g	○-◑	geeignet	Großer Baum mit breit-kegelförmiger Krone, im Alter rundlich, raschwachsend, gerader durchgehender Stamm; Honigtauabsonderung
133	Tilia cordata, Winterlinde	18-20 (30)	12-15 (20)	g	○-◑	geeignet m. E.	Großer Baum mit breit-kegelförmiger dichter Krone, im Alter auseinanderstrebend; Habitus kann sehr variable sein, verlangt frische, offene Böden; Honigtauabsonderung
134	Tilia cordata 'Erecta', Dichtkronige Winterlinde	15-20	10-12 (14)	g	○-◑	geeignet	Wie Nr. 133, jedoch Krone kleiner und regelmäßiger, als junger Baum langsam wachsend, kleines Blatt

Tab. 1l GALK-Straßenbaumliste Stand 06/2006

lfd. Nr.	Botanischer und deutscher Name	Wuchshöhe in m	Breite in m	Lichtdurchlässigkeit	Lichtbedarf	Verwendbarkeit im städt. Straßenraum m. E. = mit Einschränkung	Bemerkungen
135	Tilia cordata 'Greenspire', Amerikanische Stadtlinde	18-20	10-12	g	○–◑	gut geeignet	Wie Nr. 133, jedoch Krone schmaler, regelmäßiger und dichter, im Alter breiter; Äste aufsteigend; gebietsweise Rindennekrosen
136	Tilia cordata 'Rancho'	8-12 (15)	4-6 (8)	g	○–◑	geeignet	Im Straßenbaumtest seit 1995, wie Nr. 133, jedoch schmal-eiförmiger, im Alter breiter, rundlicher regelmäßiger Kronenaufbau, langsam und kompakt wachsend, geringer Befall mit Läusen und daher wenig Honigtauabsonderung
137	Tilia cordata 'Roelvo'	10-15	7-10	g	○–◑	geeignet	Im Straßenbaumtest seit 1995, wie Nr. 133, jedoch breit-kegelförmige bis rundliche Krone, langtriebiger und nicht so kompakt wachsend wie 'Rancho'
138	Tilia euchlora, Krimlinde	15-20	10-12	m	○	geeignet m. E.	Mittelgroßer Baum mit stumpf-kegelförmiger Krone, stark hängende Äste, auf Lichtraumprofil achten, Honigtauabsonderung
139	Tilia flavescens 'Glenleven', Kegellinde 'Glenleven'	15-20 (25)	12-15	g	○–◑	geeignet m. E.	Im Straßenbaumtest seit 1995, großer Baum mit geschlossener breit-kegelförmiger, im Alter ausladend-rundlicher Krone, raschwüchsig, gerader durchgehender Stamm
140	Tilia platyphyllos, Sommerlinde	30-35 (40)	18-25	g	○–◑	nicht geeignet	Großer heimischer Baum mit breit-eiförmiger Krone und ausladenden Seitenästen; verlangt tiefgründige, frische, humose Böden, empfindlich gegen Bodenverdichtung
141	Tilia platyphyllos 'Rubra', Korallenrote Sommerlinde	30-35	15-20	g	○–◑	nicht geeignet	Wie Nr. 140, jedoch regelmäßigere Krone, einjährige Triebe intensiv rot
142	Tilia tomentosa, Silberlinde	25-30	15-20	g	○	geeignet m. E.	Großer Baum mit regelmäßiger breit-kegelförmiger geschlossener Krone, Neigung zu Gabelwuchs, neigt zu einwachsender Rinde, alle Silberlinden haben eine späte Blütentracht, weder bienen- noch hummelgefährlich, keine Honigtauabsonderung; stadtklimafest; die Verwendung von Sorten wird empfohlen
143	Tilia tomentosa 'Brabant'	20-25 (30)	12-18 (20)	g	○	gut geeignet	Wie Nr. 142, jedoch eine breit-kegelförmig dichte und regelmäßig aufgebaute Krone, Selektionen mit geradem durchgehendem Stamm aus Tilia tomentosa, bessere Leittriebbildung
144	Tilia europaea, Holländische Linde	25-35 (40)	15-20	g	○	geeignet	Großer Baum mit gleichmäßig aufgebauter kegelförmiger Krone, im Alter stumpf-kegelförmig, rasch wachsend; stadtklimafest
145	Tilia europaea 'Pallida', Kaiserlinde	30-35 (40)	12-18 (20)	g	○	gut geeignet	Wie Nr. 144, jedoch gleichmäßige kegelförmige Krone, im Alter breit ausladend, verschiedene wurzelechte Selektionen im Handel

Tab. 1m GALK-Straßenbaumliste Stand 06/2006

lfd. Nr.	Botanischer und deutscher Name	Wuchshöhe in m	Breite in m	Lichtdurchlässigkeit	Lichtbedarf	Verwendbarkeit im städt. Straßenraum m. E. = mit Einschränkung	Bemerkungen
146	Ulmus glabra, Bergulme	25-35 (40)	15-20	m	○	nicht geeignet	Großer Baum mit rundlicher, breit ausladender und dichter Krone, raschwüchsig, anspruchsvoll bezüglich Wasser- und Nährstoffversorgung, auch in Grünflächen wegen Ulmenkrankheit nur einzeln oder in kleinen Gruppen verwendbar
147	Ulmus-Hybride 'Clusius' *	15-18	5-10	g	○-◑		Wie Nr. 151, jedoch breit-säulenförmig, im Alter breit-eiförmig, vermutlich resistent gegen Ulmenkrankheit
148	Ulmus-Hybride 'Columella' *	15-20	5-10	g	○-◑		Mittelgroßer, aufrecht bis säulenförmig wachsender Baum, vermutlich resistent gegen Ulmenkrankheit, bisher keine genauen Angaben über ausgewachsene Bäume vorhanden
149	Ulmus-Hybride 'Dodoens' *	12-15	5-6	g	○-◑		Mittelgroßer Baum mit lockerer, schlank-aufrechter, im Alter breit-kegelförmiger Krone, schnell wachsend, gerader durchgehender Stamm, auf eigener Wurzel vermutlich resistent gegen Ulmenkrankheit
150	Ulmus-Hybride 'New Horizon' *	20-25	8-10	g	○-◑		Mittelgroßer Baum mit säulen- bis kegelförmiger dichter Krone, schnell wachsend, vermutlich hohe Resistenz gegen die Ulmenkrankheit, gerader durchgehender Stamm
151	Ulmus x hollandica 'Lobel'	12-15	4-5	g	○	geeignet m. E.	Mittelgroßer betont aufrecht wachsender Baum, säulenförmige Krone, im Alter mehr kegelförmig, kleinblättrig, vermutlich resistent gegen Ulmenkrankheit
152	Ulmus-Hybride 'Rebona' *	20-25	8-10	g	○-◑		Mittelgroßer schnell wachsender Baum mit breit-kegelförmiger Krone, gerader durchgehender Stamm, Äste flach abstehend (45 Grad), vermutlich resistent gegen Ulmenkrankheit
153	Ulmus-Hybride 'Regal'	15-20	6-8	m	○	geeignet m. E.	Mittelgroßer Baum mit schmaler Krone, schnell wachsend, gerader durchgehender Stamm, vermutlich resistent gegen Ulmenkrankheit
154	Zelkova serrata *, Japanische Zelkove	20-25	15-25	g			Im Straßenbaumtest seit 2005, mittelgroßer bis großer Baum, rundkronig mit weit ausladenden Ästen, auf durchgehenden Leittrieb achten; gebietsweise spätfrostgefährdet; stadtklimafest